BEI GRIN MACHT SICH IHR WISSEN BEZAHLT

- Wir veröffentlichen Ihre Hausarbeit, Bachelor- und Masterarbeit

- Ihr eigenes eBook und Buch - weltweit in allen wichtigen Shops

- Verdienen Sie an jedem Verkauf

Jetzt bei www.GRIN.com hochladen und kostenlos publizieren

Eric Petermann

Sturmfluten und Küstenschutz an der Nordsee

GRIN Verlag

Bibliografische Information der Deutschen Nationalbibliothek:

Die Deutsche Bibliothek verzeichnet diese Publikation in der Deutschen National-
bibliografie; detaillierte bibliografische Daten sind im Internet über http://dnb.d-
nb.de/ abrufbar.

Impressum:

Copyright © 2008 GRIN Verlag GmbH
Druck und Bindung: Books on Demand GmbH, Norderstedt Germany
ISBN: 978-3-638-95338-2

Sturmfluten und Küstenschutz an der Nordsee

Inhaltsverzeichnis

Inhaltsverzeichnis 2

Abbildungs- und Tabellenverzeichnis 3

1 Fragestellung und Zielsetzung... 4

2 Das Untersuchungsgebiet 5

    2. 1 Gliederung der Nordsee – Regionen erhöhter Sturmflutgefährdung 5

    2. 2 Charakteristika des Küstenraums der südlichen Nordsee............................... 6

3 Sturmfluten 8

    3. 1 Begriffseingrenzung 8

    3. 2 Meteorologische und astronomische Voraussetzungen................................. 8

4 Auswirkungen auf Küstenentwicklung und Besiedlungsgeschichte...................... 10

5 Sturmfluten seit Beginn des Deichbaus.. 12

    5. 1 Besiedlungs- und Deichbaugeschichte im Kontext von Sturmfluten 12

    5. 2 Sozio-ökonomische Auswirkungen einer historischen Sturmflut – Die

    „Weihnachtsflut" von 1717 15

6 Konzepte des Küstenschutzes an der Nordsee.. 17

    6.1 Konventionelle Elemente des Küstenschutzes 17

    6. 2 aktuelle Konzepte – Integriertes Küstenzonenmanagement (IKZM) am Beispiel

    Schleswig-Holsteins.. 18

    6. 3 GIS-gestütztes Risikomanagement.. 22

7 Der Klimawandel im 21. Jh. - Neue Herausforderungen für den Küstenschutz?... 23

8 Fazit.. 26

Literatur 28

Abbildungs- und Tabellenverzeichnis

I Abbildungen

Abb. 1: Ausdehnung und Morphologie der Nordsee.

Abb. 2: Die südliche Nordsee.

Abb. 3: Typische Sturmflutwetterlage über der Nordsee (25.2.1997, 0Uhr).

Abb. 4: Der Verlauf des MThw an der südlichen Nordsee seit 5500 v.u.Z.

Abb. 5: Querschnitt durch die eisenzeitliche Wurt Feddersen Wierde nördlich von Bremerhaven.

Abb. 6: Landverluste im südlichen nordfriesischen Wattenmeer in Folge der Sturmfluten von 1362 und 1634.

Abb. 7: Vierbeinige, aus Beton bestehende, Tetrapoden.

Abb. 8: Küstenschutzmaßnahmen in Schleswig-Holstein.

Abb. 9: Entwicklung der Sturmflutwasserstände.

II Tabellen

Tab. 1: Küstenschutzelemente.

1 Fragestellung und Zielsetzung

Seit Beginn der ersten Siedlungen im Küstenraum der südlichen Nordsee war die Bevölkerung stets durch Sturmfluten bedroht. Die Erwähnung von Sturmfluten in historischen Quellen, Volksliedern und Gedichten zeigt deren tiefe Verwurzelung im Alltagsleben der Küstenbewohner. Die Region des Untersuchungsgebietes ist altersmäßig ein sehr junger und aktiver Landschaftsraum. Die Küstenlinie ist keinesfalls festgelegt und würde sich ohne anthropogenen Eingriff unter Einwirkung natürlicher Prozesse, vor allem von Sturmfluten, stets verändern und weiterentwickeln. Der Drang des Menschen, sich in diesem geomorphologisch aktiven Raum niederzulassen, ließ schon vor vielen hundert Jahren die Erkenntnis reifen, man müsse entweder *„deichen oder weichen".*

Während die ersten Deiche nur vereinzelte, kleinere Besitztümer umfassten, bildete sich in den folgenden Jahrhunderten ein immer komplexeres und umfangreicheres Deich- und Küstenschutzwesen heraus. Dabei sah man sich in der Vergangenheit durch verändernde Sturmfluthöhen stets vor neue Herausforderungen gestellt. Heute ist der Küstenraum der Nordsee vor allem im südlichen Teil durch hohe Bevölkerungsdichte und große wirtschaftliche Bedeutung (z. B. Häfen in Rotterdam und Hamburg) gekennzeichnet. Einige Indizien sprechen dafür, dass der Küstenschutz im gegenwärtigen Jahrhundert, aufgrund steigenden Meeresspiegels infolge globaler Erwärmung, vor neue Aufgaben gestellt wird.

Ausgehend von einer Eingrenzung des Untersuchungsgebiets der Nordsee in Küstenräume, die sich einer besonders hohen Gefährdung durch Sturmfluten ausgesetzt sehen, wird anschließend die Küstenentwicklung im Zusammenhang von Sturmfluten kurz umrissen, um ein tieferes Verständnis für die Wirkung von Sturmflutereignissen zu schaffen und die Aktivitäten des Küstenschutzes so besser einordnen zu können. Des Weiteren werden meteorologische und astronomische Faktorenkonstellationen, welche Sturmfluten begünstigen, erläutert. Ferner wird die Deichbaugeschichte skizziert und deren Auswirkung auf Sturmfluten diskutiert.

> *„Die Natur kennt keine Katastrophen, Katastrophen kennt allein der Mensch...."*
>
> **Max Frisch**

Den Worten Max Frischs folgend, wird sich ein Kapitel mit den unmittelbaren und mittelbaren Folgen und Schäden der Weihnachtsflut von 1717 befassen, um zu zeigen, wie ein Naturereignis zur Naturkatastrophe wird.

Abschließend werden Konzepte des Küstenschutzes beschrieben. Das Hauptaugenmerk wird dabei auf Leitmotiven und konkreten Vorhaben des „Integrierten Küstenzonenmanagement (IKZM)" liegen. Dieses stellt einen neuen Ansatz des Managements des gesamten Küstenraums dar, wobei Anliegen des Küstenschutzes mit Interessen von Ökologie, Tourismus etc. verbunden werden. Abschließend werden mögliche klimatische Entwicklungen im 21. Jh., die Einfluss auf Veränderung der Sturmflutgefährdung haben können, diskutiert.

2 Das Untersuchungsgebiet

2. 1 Gliederung der Nordsee – Regionen erhöhter Sturmflutgefährdung

Die Nordsee ist ein Nebenmeer des Atlantischen Ozeans, das eine Fläche von etwa 750 000 km^2 einnimmt und größtenteils auf dem kontinentalen Schelfbereich Europas liegt. Die Grenze lässt sich im Norden in etwa auf Höhe der Shetland-Inseln ziehen, im Osten bildet das Kattegat zwischen Dänemark und Schweden den Übergangsbereich zur Ostsee und im Südwesten stellt der Ärmelkanal zwischen Großbritannien und Frankreich den Übergang in den Atlantik dar (s. Abb.1). Aufgrund der Lage auf dem Kontinentalschelf ist die Nordsee ein flaches Meer. Die Wassertiefen betragen in der südlichen Nordsee kaum mehr als 50 m, um nach Norden in Richtung Atlantik am

Abb. 1: Ausdehnung und Morphologie der Nordsee.
Quelle: ALEXANDER 2000: 42.

Kontinentalhang auf 200 m anzusteigen. Tiefere Bereiche sind ausschließlich vor der norwegischen Küste im Skagerrak und der Norwegischen Rinne anzutreffen, wo Tiefen von bis zu 700 m erreicht werden. Einen besonders flachen Bereich stellt die Doggerbank mit einer minimalen Tiefe von 13 m dar (OSPAR 2000: 2f.).

Entlang der Nordseeküste ist eine Vielzahl verschiedener Küstentypen anzutreffen. Im nördlichen Teil, in Norwegen, Schweden und Schottland sind Felsküsten vorzufinden, die stellenweise steil ins Meer abfallen. Auch entlang des Kanals in Südengland bilden häufig flache Kliffs die Küstenlinie. Von der Straße von Dover bis zur dänischen Westküste dominieren flache Sandstrände mit Dünen, die durch Ästuare großer Flüsse (Maas, Rhein, Ems, Weser und Elbe) gegliedert werden. Diese Region ist durch Landgewinnungsprojekte, Küstenschutz und Anlage von Häfen und Städten der anthropogen am stärksten überprägte Küstenbereich im Nordseeraum (OSPAR 2000: 4).

Aufgrund der flachen Küsten besteht für den südlichen Bereich der Nordsee mit den Anrainerstaaten Belgien, Niederlande, Deutschland, Dänemark und England eine besondere Gefährdung durch Sturmfluten (OSPAR 2000: 20).

Daraus ergibt sich gleichfalls die Eingrenzung des Untersuchungsraums. Vorliegende Arbeit wird sich auf den südlichen, Sturmfluten besonders exponierten Bereich der Nordsee konzentrieren. Dieser umfasst neben England besonders den Raum der Deutschen Bucht von den Küsten Westfrieslands in den Niederlanden, über die Küsten Ost- und Nordfrieslands in Deutschland, bis zu denen im Bereich der dänischen Wattenmeerinseln.

2. 2 Charakteristika des Küstenraums der südlichen Nordsee

Gezeiten

Sowohl das Leben der Menschen als auch der Naturraum des Untersuchungsgebiets sind maßgeblich durch den Verlauf der Gezeiten bestimmt. Diese werden durch die Gravitationskräfte von Sonne und Mond auf der sich drehenden Erde hervorgerufen, wobei der Mond die dominante, steuernde Kraft darstellt. Die Gezeiten äußern sich im rhythmischen Ansteigen und Fallen des Wasserspiegels mit einer Zyklusdauer von etwa 12,5 Stunden. Der Tidenhub bezeichnet den Unterschied zwischen mittlerem Tidehochwasser (MThw) und mittlerem Tideniedrigwasser (MTnw). Aufgrund der Küstengestalt differiert der Tidenhub im Nordseeraum zum Teil erheblich. Im weltweiten Vergleich ist dieser jedoch als gering einzustufen. Im Inneren der Deutschen Bucht werden Werte von über 3,5 m erreicht (KORTUM 2001:46), während er nach Norden in Richtung Dänemark und nach Westen in Richtung Niederlande abnimmt. Die Höhe des Tidenhubs ist außerdem durch ein monatliches Muster, hervorgerufen durch die unterschiedlichen Mondphasen, charakterisiert. Stehen Sonne und Mond in einer Linie (bei Voll- und Neumond) verstärken sich ihre Anziehungskräfte, wodurch mit einer Verzögerung von etwa zwei Tagen die größten Fluthöhen, die so genannten Springfluten oder Springtiden, erreicht werden (vgl. KIRCHHOFF 1990: 78). Bei Halbmond heben sich die Kräfte von Mond und Sonne teilweise auf und die Fluthöhe erreicht im Mittel ein Minimum (Nipptide).

Innen- und Außenküste

Abb.2: Die südliche Nordsee.
Quelle: ALEXANDER 2000: 50.

Generell lässt sich die Küste der südlichen Nordsee in einen äußeren und einen inneren Küstenbereich gliedern (s. Abb. 2). Von der Rheinmündung bis zum Ijsselmeer in den Niederlanden verläuft im äußeren Küstenbereich ein geschlossener Strandwall, an welchen sich ein System von holozän gebildeten Barriereinseln anschließt, welches die West-, Ost- und Nordfriesischen Inseln umfasst. In Dänemark verläuft ab Blåvands Huk wieder ein geschlossener Strandwall. Aufgrund des starken Tidenhubs von über 3 m und der damit verbundenen stark erosiven Wirkung vor allem des Ebbstroms konnten sich im Inneren der Deutschen Bucht keine Barriereinseln ausbilden (BEHRE 2002: 329f.).

---

3 Sturmfluten

3. 1 Begriffseingrenzung

Als Sturmflut wird eine „außergewöhnlich hohe Flut an Gezeitenküsten" bezeichnet, wobei die Springflut mit starken auflandigen Stürmen (ab Beaufortskala 9 bzw. 75 km/h) zusammentrifft. Die Flutwelle wird dabei durch Brandung und Windstau extrem verstärkt (LESER 2001: 848f.).

In der Literatur finden sich abweichende Definitionen ab welchem Wasserspiegel von einer Sturmflut gesprochen wird. Während JONAS 2004 von einer leichten Sturmflut ab einem Wasserspiegel von 1 m über MThw, von einer mittleren ab 2 m über MThw und von einer schweren ab 3 m über MThw spricht, finden sich im Generalplan zum Küstenschutz des Landes Schleswig-Holstein davon abweichende Angaben. Hier wird eine Sturmflut mit 1,5 m über MThw definiert, eine schwere Sturmflut ab 2,5 m über MThw und eine sehr schwere ab 3,5 m über MThw (INNENMINISTERIUM SCHLESWIG-HOLSTEIN 2001: 22).

Neben der offensichtlichen Überflutungs- und Überschwemmungsgefahr, sind weitere durch Sturmfluten hervorgerufene Bedrohungen erhöhte Erosionsraten, Trinkwasserversalzung, Verschlechterung der Böden und Bedrohung des Ökosystems Wattenmeer (GERMANWATCH 2007).

3. 2 Meteorologische und astronomische Voraussetzungen

Im Bereich des Untersuchungsgebietes treten Sturmfluten häufig bei West- bis Nordwestwind auf (s. Abb. 3). Dabei stellen der Weg von Island in Richtung Skandinavien (Sturmfluttyp Skandinavien) oder vom Ostatlantik über die südliche Nordsee (Sturmfluttyp Nordsee) nach Dänemark typische Zugrichtungen von Tiefdruckgebieten dar (DWD 2007). Eine besondere Gefährdung besteht, wenn die Windrichtung nach mehreren Tagen Südwest auf Nordwest wechselt. Dabei befördern lang anhaltende Südwestwinde große Wassermengen durch den Ärmelkanal aus dem Atlantik in die südliche Nordsee. Bei raschem Wechsel der Windrichtung auf Nord oder Nordwest werden die Wassermassen innerhalb kurzer Zeit in das Innere der Deutschen Bucht verlagert (KIRCHHOFF 1990: 75).

In Abhängigkeit von Windrichtung, Stauwirkung und der Lage in Luv oder Lee kann die Höhe derselben Sturmflut in den verschiedenen Bereichen des Untersuchungsgebiets variieren (BEHRE 2002: 334).

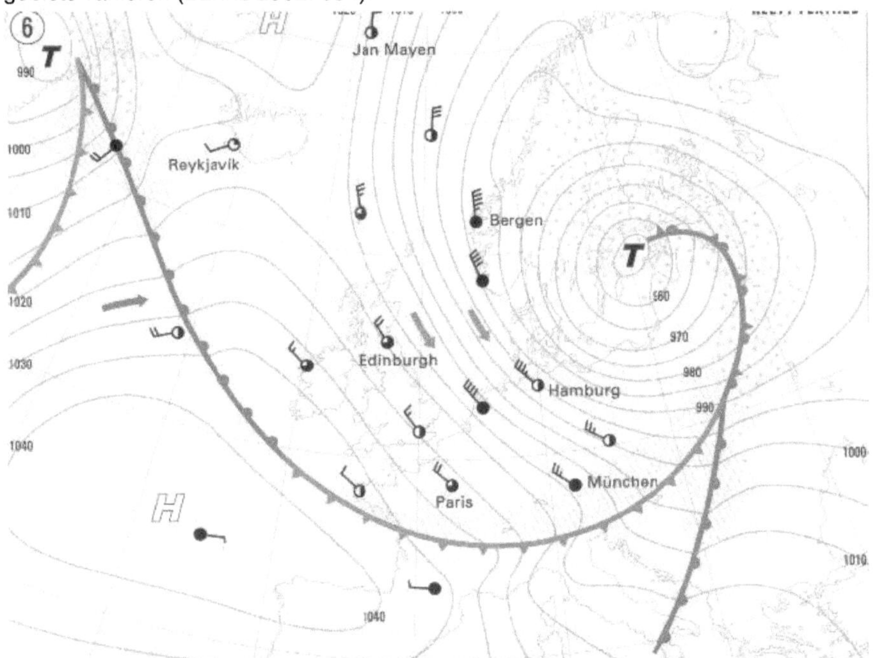

Abb. 3: Typische Sturmflutwetterlage über der Nordsee (25.2.1997, 0Uhr). Das Tiefdruckgebiet ist bereits durch den nordöstlichen Atlantik gezogen und liegt über der Ostsee. Der hohe Luftdruckgradient sorgt für schwere Stürme, die die Küste der südlichen Nordsee aus nordwestlicher Richtung erreichen.
Quelle: ALEXANDER 2000: 159.

Schwere Sturmfluten treten oft ein, wenn das Sturmereignis mit einer Springflut (s. 2.2) zusammenfällt. Dass dies jedoch keine Bedingung für eine Sturmflut sein muss, zeigt die Sturmflut von 1962 in Hamburg, die in eine Nippzeit fiel, exemplarisch.

Ursache der starken Stürme sind große Luftdruckunterschiede zwischen einem Hoch über Südwesteuropa und einem Tief zwischen den Britischen Inseln und Island. An ihrer rechten Flanke und in ihrem Rücken bringen die Tiefdruckgebiete starke Winde, die die Wassermassen an die südliche und östliche Nordseeküste drücken. Langsam wandernde Tiefdruckgebiete verstärken oft die Wirkung von Sturmfluten, da die Stürme umso länger anhalten (HAGEL 1962: 22).

Die Faktoren mit den stärksten Auswirkungen auf den Ablauf einer Sturmflut sind wie beschrieben Windrichtung und Windstärke. Weitere Faktoren sind Exposition und Gestalt der Küste, woraus sich für jeden gefährdeten Ort eine Konstellation besonders ungünstiger Windverhältnisse ergibt. Außerdem ist der Stau im Inneren von Buchten oder an Flussmündungen wesentlich stärker als an geraden Küsten (HAGEL 1962: 38f.).

Erwähnenswert ist noch, dass Sturmfluten keineswegs gleichmäßig über das Jahr verteilt sind, sondern in den Monaten von Oktober bis Februar wesentlich häufiger auftreten als im Rest des Jahres. Die Ursache liegt in der stärkeren Ausprägung des Islandtiefs im Winter begründet. Daraus ergibt sich ein höherer Luftdruckgradient zwischen Islandtief und Azorenhoch, wodurch in Herbst und Winter die Windgeschwindigkeiten in der Regel höher sind (HAGEL 1962: 56f.).

Da Sturmfluten durch das zufällige Zusammentreffen mehrerer Faktoren (Stärke, Zugbahn, Dauer, Häufigkeit) entstehen, lässt sich nicht sagen, welche Höhe die schwerstmögliche Sturmflut hat, was ein großes Problem für den Küstenschutz darstellt (INNENMINISTERIUM SCHLESWIG-HOLSTEIN 2001). In Kapitel 6.3 wird auf diese Problematik näher eingegangen.

4 Auswirkungen auf Küstenentwicklung und Besiedlungsgeschichte

Zum Höhepunkt des letzten Glazials, der Weichseleiszeit, vor 18000 Jahren lag der Meeresspiegel verglichen mit heute mehr als 100 m niedriger. Mit dem Abschmelzen der Eismassen stieg der Wasserspiegel zunächst sehr rasch an, zwischen 6600 und 5100 v. u. Z. verlagerte sich die Strandlinie um ca. 250 km nach Süden, was fast 170 m pro Jahr entspricht (STREIF 1989, zit. in BRÜCKNER 1999:14). Die Anstiegsgeschwindigkeit betrug in den folgenden zwei Jahrtausenden etwa 1,25 m/Jh., um zwischen 5000 und 1000 v. u. Z. auf 0,14 m/Jh. zu fallen (s. Abb.4).

Der vorherrschende Trend zum Vorrücken der Nordsee wurde in den letzten 5000 Jahren immer wieder durch Phasen von Regressionen unterbrochen (erstmals ca. 2500 v. u. Z.). BEHRE (2004a) weist dies beispielsweise durch den in Folge sinkenden Meeres- und Grundwasserspiegels verursachten Übergang von Niedermoortorfen zu Hochmoortorfen an der niedersächsischen Küste für 1200 bis 800 v. u. Z. nach. Zu

---

ähnlichen Datierungen der Trans- und Regressionsphasen kommen auch BUNGENSTOCK et al (2004).

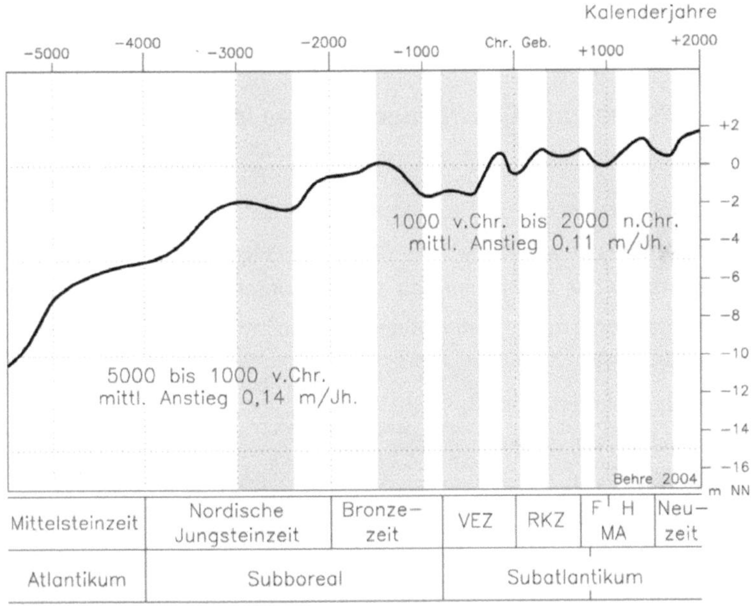

Abb. 4: Der Verlauf des MThw an der südlichen Nordsee seit 5500 v.Chr.
Die grau unterlegten Phasen zeigen Meeresspiegelabsenkungen (Regressionen 1-7).
Quelle: BEHRE 2004b: 3.

Auf die Entwicklung des Küstenverlaufs hatte die Dünkirchen I-Transgression, die ihr Maximum zwischen 400 und 150 v.u.Z. erreichte, einen großen Einfluss. Während dieser, auch als prähistorische Katastrophe bezeichneter, Transgression bildete sich an der niedersächsischen Küste eine Küstenlinie aus, die auch während der schweren mittelalterlichen Sturmfluten nicht mehr wesentlich überprägt wurde. Als weitere Folge dieser Transgression wurden auch bronze- und eisenzeitliche Siedlungen wie etwa in Rodenkirchen aufgegeben (BEHRE 2004a: 40). Die maximale holozäne Ausdehnung der Nordsee liegt fast an der gesamten deutschen Nordseeküste innerhalb der heutigen, durch Deiche gesicherten Küstenlinie. Gegenwärtig steigt der Meeresspiegel weiter an, wobei sich die Anstiegsraten der verschiedenen Wasserstandsebenen stark unterschieden. So wurden an der deutschen Nordseeküste zwischen 1855 und 1990 Anstiege von 0,09 m/Jh. für das mittlere Tideniedrigwasser (MTnw) und 0,23 m/Jh. für das mittlere Tidehochwasser (MThw) registriert. Die Hauptursache für den weiteren Anstieg wird in der thermischen Expansion des Wasserkörpers aufgrund der globalen Erwärmung gesehen (vgl. BEHRE 2002: 326ff.).

5 Sturmfluten seit Beginn des Deichbaus

5. 1 Besiedlungs- und Deichbaugeschichte im Kontext von Sturmfluten

In der Zeit vor dem Deichbau reagierte die Bevölkerung durch Migrationsbewegungen schnell auf sich ändernde Wasserspiegel. Den limitierenden Faktor stellte dabei das Sturmflutniveau dar. Wie bereits unter Punkt 4 angedeutet, fand die Besiedlung des küstennahen Raums meist in Phasen sinkenden Meeresspiegels statt, stieg dieser wieder, wurden die Siedlungen wieder verlassen. Dies änderte sich im norddeutschen Raum im 1.Jh. u. Z., in den Niederlanden bereits 400 v. u. Z. Einige der Bewohner schützten sich erstmals durch die Errichtung von Wohnhügeln, so genannten Wurten (s. Abb. 5) (BEHRE 2004b). Diese wurden mit steigenden Sturmfluten im

Abb.5: Querschnitt durch die eisenzeitliche Wurt Feddersen Wierde nördlich von Bremerhaven. Zur Erkennen sind 7 unterschiedliche Siedlungshorizonte, die in der Zeit von 50-1000 aufgetragen wurden. Quelle: BEHRE (2004): 45.

Laufe der Jahrhunderte kontinuierlich erhöht und erreichten maximale Höhen von 5-7 m über NN. Gleichzeitig stellen Wurten ein Archiv zur Rekonstruktion früherer Sturmfluthöhen dar, da die am niedrigsten gelegenen Häuser auf den Wurten stets über dem maximalen Sturmflutniveau gelegen haben müssen. Mittels ^{14}C-Datierungen an zur Aufschüttung verwendetem organischem Material lassen sich die einzelnen Phasen der Erhöhung zeitlich einordnen. Untersuchungen an der Wurt Feddersen Wierde zeigten, dass die Differenz zwischen MThw und Sturmflutniveau im 1. Jh. u. Z., also vor Beginn des Deichbaus, lediglich 1 m betrug, während die Differenz in Folge des Deichbaus heute bei 3,5 m liegt (BEHRE 2004a: 47 und 2004b: 4).

Eine Phase stärkerer Sturmfluten zur Mitte des 1. Jahrtausends u. Z. hatte zur Folge, dass viele Siedlungen aufgegeben wurden. Diese Zeit fällt im Übrigen mit einer Migrationsperiode der Sachsen von Niedersachsen nach England zusammen (BEHRE 2004a: 48). Nachdem der Küstenverlauf bis ins Hochmittelalter ausschließlich durch natürliche Kräfte bestimmt wurde, griff der Mensch seit dem 11. Jh. aktiv in die Landschaftsdynamik ein.

Im Hochmittelalter wurde das Hinterland landwirtschaftlich intensiv genutzt und die Bevölkerungsdichte erreichte einen neuen Höchststand. Die Entwässerung und Besiedlung weiter Marschgebiete stellte den Übergang von der natürlichen Landschaft zur heutigen Kulturlandschaft dar (MEIER 2004: 66).

Zunächst beschränkte sich der Küstenschutz jedoch auf Ringdeiche um einzelne Gemarkungen. Diese ersten Deiche waren noch recht flach und dienten saisonal bewohnten Häusern lediglich zum Schutz vor gelegentlichen Frühlings- und Sommerfluten, einen Schutz vor den stärkeren Wintersturmfluten konnten sie nicht bieten. Im 13. Jh. wurden die einzelnen Deiche zu einem geschlossen Deichring verbunden und erhöht, um auf diese Weise auch im Winter Schutz zu bieten. Mit dem nun verbundenen besseren Schutz vor Sturmfluten änderten sich auch die Siedlungsmuster. Die Errichtung von Wurten war nicht länger notwendig. Eine Folge daraus war die Neuansiedlung zahlreicher einzelner Höfe im Hinterland der Deiche. (BEHRE 2004a: 49).

Mit Anlage dieses zusammenhängenden Deichsystems wurde der Überflutungsraum bei Sturmfluten stark eingeengt, wodurch ein entsprechend höherer Wasserauflauf und eine enorme Verstärkung der Sturmflutwirkung die Folge war. Eine weitere wichtige Folge war die mit dem Deichbau verbundene künstliche Entwässerung, wodurch der Boden im Hinterland zunehmend sackte. Durchbrach das Wasser nun bei einer Sturmflut den Deich, ergoss es sich in das tiefer gelegene Hinterland und war nicht mehr hinauszubringen. Auf diese Weise entstanden im Mittelalter beispielsweise Jadebusen und Dollart (BEHRE 2002: 337).

So paradox es anfänglich klingen mag, wurde das Zeitalter verheerender Sturmfluten erst mit der Errichtung eines ausgedehnten Deichsystems eingeläutet.

Die größten Landverluste gab es in Nordfriesland (s. Abb. 6), wo sich die Küstenlinie bis an den Geestrand verschoben hat. Während im 8. Jh. die Errichtung der ersten Häuser in den Marschgebieten im Süden Nordfrieslands Anzeichen für keine akute Gefährdung der Siedlungen durch Sturmfluten belegt, zeigen Überdeckungen der ersten in Kultur genommenen Böden mit Sturmflutsedimenten im 11. Jh.

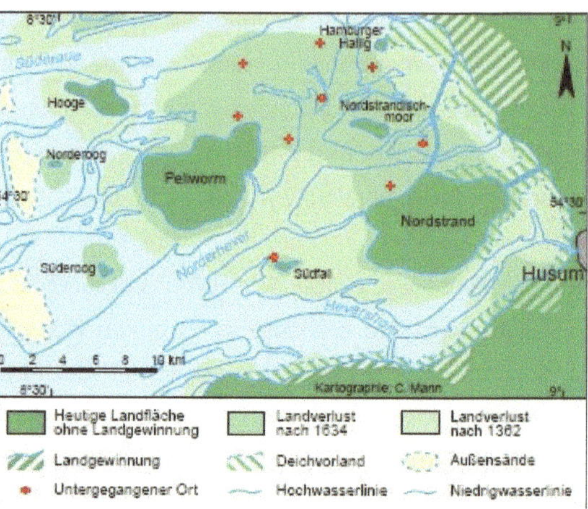

Abb. 6: Landverluste im südlichen nordfriesischen Wattenmeer in Folge der Sturmfluten von 1362 und 1634.
Quelle: BRÜCKNER 1999: 7.

wachsende marine Aktivität an. Aus Mangel an schriftlichen Überlieferungen und unzureichenden archäologischen Datierungen ist über den genauen Beginn des Deichbaus im südlichen Nordfriesland wenig bekannt. Sicher aber ist, dass im 12. Jh. das Gebiet der heutigen Nordfriesischen Inseln noch zum Festland gehörte. Die katastrophale Sturmflut im Jahre 1362 durchbrach zahlreiche Deiche und überflutete weite Bereiche Jahrhunderte lang bewirtschafteter Marschgebiete (s. Abb. 6). Vor allem die Regionen mit mächtigen tonig-lehmigen Sedimenten gingen verloren, da diese in Folge der Entwässerung besonders stark kompaktiert wurden und Gelände-depressionen darstellten. Der heutigen Land-Meer-Verteilung näherte sich die Küste Schleswig-Holsteins nach einer weiteren folgenschweren Sturmflut 1634 an. Land-verluste waren vor allem in Gebieten mit, zum Zwecke der Salzgewinnung, intensiv betriebenem Torfabbaus zu verzeichnen. Nur die wenigsten der 1634 überfluteten Marschen konnten nachhaltig zurück gewonnen werden (HOFFMANN 2004: 33f.).

Während die erste Phase des Landverlustes im 14. Jh. hauptsächlich auf natürliche Einflüsse zurückzuführen ist, spielte während der zweiten großen Überflutungsphase im 17. Jh. der menschliche Einfluss in Form von Deichbau, Entwässerung und Torf-abbau eine dominante Rolle (MEIER 2004: 68).

NEWIG 2004 weist auf den Verlust eines natürlichen, das Sturmflutniveau verringern-den Schutzmechanismus hin. Einige der Priele, die die einzelnen Inseln an der Nord-seeküste voneinander trennen, waren durch Moore und/oder Schilfsümpfe bewachsen, wodurch das eindringende Flutwasser namhaft abgebremst wurde und die bewachsenen Priele somit eine Art natürlichen Küstenschutz darstellten.

Die größten mittelalterlichen Landverluste an der west- und ostfriesischen Küste sind im Bereich des Dollart und des Jadebusens zu verzeichnen, die vor der Begründung des Deichbaus wesentlich kleiner waren. Die Marcellusflut von 1362 sorgte sogar für eine Verbindung vom Jadebusen zur Weser, die für 150 Jahre bestand haben sollte. Mit Verbesserung der Deichbautechnik im 16. Jh. wurde durch Eindeichung kontinuierlich Land zurück gewonnen (BEHRE 2004a: 51). Die Flutung von Jadebusen und Dollart könnte durch die nun größere Meerfläche im 14. Jh. zwischenzeitlich zu einem Sinken des MThw geführt haben (FREUND & STREIF 1999: 44).

Bis zur „Großen Mandränke" von 1634 bildeten die Inseln Pellworm und Nordstrand in Schleswig-Holstein die wesentlich größere Insel Strand (s. Abb. 6), die bei dieser Sturmflut unterging (BEHRE 2002: 342). Auch die nordfriesischen Halligen sind Produkte von Sedimentumlagerungen in Folge schwerer Sturmfluten. Die dortigen Bewohner leben auf Warften, den bereits erwähnten Wurten ähnliche Wohnhügel (HOFFMANN 2004: 2).

5. 2 Sozio-ökonomische Auswirkungen einer historischen Sturmflut – Die „Weihnachtsflut" von 1717

Während sich in der Gegenwart aufgrund fehlender finanzieller und technischer Möglichkeiten für prophylaktische Maßnahmen vor allem Länder der Dritten Welt besonders anfällig für Naturkatastrophen zeigen, waren in der Vergangenheit Naturereignisse wie Sturmfluten in Regionen, die heute technisch hoch entwickelt sind, oft folgenschwerer, als sie es heute sind. Somit lohnt ein Blick in die Vergangenheit, um die sozio-ökonomischen Dimensionen vergangener Sturmflutereignisse im Nordseeraum besser zu verstehen.

JAKUBOWSKI-TIESSEN (1992) liefert eine umfassende historische Analyse der Sturmflut von 1717, die, was Schäden und Folgewirkungen an der Nordseeküste von den Niederlanden bis Dänemark betrifft, eine der schwersten der Frühen Neuzeit war.

In der Nacht vom 23. auf den 24. Dezember 1717 drehte ein starker Südwestwind auf West und später auf Nordwest. Die Schwere der Sturmflut überraschte die Bevölkerung, da der Sturm zwischenzeitlich abgeflaut war und dieser auch nicht mit einer Springtide zusammenfiel. Im gesamten Küstenbereich der südlichen und südöstlichen Nordsee kam es zu Deichbrüchen und Überschwemmungen. Dabei brachen auch einige der oft vernachlässigten, weiter im Landesinneren liegenden Mitteldeiche. Das Wasser floss monatelang in die Marschgebiete ein und aus und konnte oft erst nach Jahren vollends herausgebracht werden. Die unternommenen Rettungsmaßnahmen der folgenden Tage wurden durch anhaltende Regen- und Hagelschauer enorm erschwert. Darüber hinaus waren beim eigentlichen Sturmflutereignis zahlreiche Schiffe und Boote zerstört wurden (JAKUBOWSKI-TIESSEN 1992: 13ff.).

In den deutschen Küstenländern wurden 9 000 Tote behördlich aufgezeichnet, in den Niederlanden 2 300. Zum Vergleich sei erwähnt, dass bei der schweren Sturmflut 1962 in Hamburg 341 Todesopfer zu beklagen waren (KIRCHHOFF 1990: 43). Die Folgejahre waren in dieser Region durch einen deutlichen demographischen Einschnitt gekennzeichnet, da sich zu der Zahl der direkt durch die Sturmflut Umgekommenen noch die Zahl derer, die an den Folgewirkungen wie Hungersnöten, Epidemien und Krankheiten starben, addierte. Ferner waren noch bedeutsame Abwanderungsbewegungen, vor allem aufgrund schlechter Lebensbedingungen und Perspektivlosigkeit, zu verzeichnen. Entgegen des allgemeinen demographischen Trends des 17. und 18. Jh. erlebten Küstengebiete wie die Grafschaft Oldenburg, Friesland und Norderkwartier in den Niederlanden lang anhaltende demographische Depressionen (JAKUBOWSKI-TIESSEN 1992: 62ff.) .

Weitere bekannte Schäden waren der Verlust von mindestens 7 000 Pferden, 31 600 Rindern, 9 800 Schweinen und 15 000 Schafen, sowie die Zerstörung von etwa 3 000 Häusern in den Marschgebieten. In der Folge geriet die Landwirtschaft in eine Krise, wodurch die Preise für Nahrungsmittel stiegen und die ohnehin schon vorherrschende Verarmung weiter verschärft wurde. Die wirtschaftlichen Probleme der Bevölkerung hatten auch Auswirkung auf den Deichwiederaufbau, da für dessen Finanzierung nicht genügend Steuern eingetrieben werden konnten. Daraufhin wurden Besitzende zur Abstellung von Arbeitern für den Deichbau verpflichtet. Darüber hinaus wurde 1728 das Deichdirektorium gegründet, welches jährliche Deichbegehungen zur Überprüfung der Deichqualität durchführte (JAKUBOWSKI-TIESSEN 1992: 156ff).

6 Konzepte des Küstenschutzes an der Nordsee

Aufgrund des begrenzten Rahmens dieser Arbeit können konventionelle Elemente nur kurz skizziert werden, das Hauptaugenmerk soll auf der Vorstellung des Integrierten Küstenzonenmanagements am Beispiel Schleswig-Holsteins liegen.

6.1 Konventionelle Elemente des Küstenschutzes

Traditionelle Küstenschutzelemente sind in Tab. 1 aufgelistet. Diese lassen sich in ihre Funktionen für Erosionsschutz, Hochwasserschutz und Binnenentwässerung gliedern. Weiterhin sind noch natürliche Küstenschutzelemente verzeichnet.

Die Insel Sylt ist eine der am stärksten gefährdeten Inseln des gesamten Nordseeraums. Der Küstenschutz setzt sich aus einem kostenintensiven System von Strandmauern, Dünenbefestigungen, Deichen, Buhnen, Tetrapoden (s. Abb. 7) und Sandvorspülungen zusammen.

Tab. 1: Elemente des Küstenschutzes.
Quelle: verändert und ergänzt nach VON LIEBERMANN & MAI 1999.

Bezeichnung	Elemente
Elemente des Erosionsschutzes	Buhnen Strandmauern Tetrapoden Strandauffüllung Lahnung
Elemente des Hochwasserschutzes	Deich Sperrwerk
Elemente der Binnenentwässerung	Siel Schöpfwerk
Natürliche Küstenschutzelemente	Insel Hallig Außensand Wattfläche Vorland Riff Düne

Einige dieser Elemente zeigten sich jedoch als wenig effektiv, um nachhaltig Küstenschutz zu gewährleisten. Während die Tetrapoden seit 1967 im Norden die Erosion mindern, hat sie sich an der Südspitze der Insel bei Hörnum verstärkt. Der Sedimenthaushalt Sylts ist durchweg negativ. Während die Erosionsverluste zwischen 1870 und 1951 0,4 – 1,9 m/Jahr betrugen, stiegen sie im Zeitraum 1951-1984 auf durchschnittlich 0,9 – 2,1 m/Jahr. Der massive Küstenschutz im zentralen

Abb. 7: Vierbeinige, aus Beton bestehende, Tetrapoden.
Quelle: WIKIPEDIA 2007.

Teil der Insel vor Westerland sorgt dort für eine Stabilisierung, während der Norden und Süden besonders starker Abrasion unterliegen (BRÜCKNER 1999: 19).

6. 2 aktuelle Konzepte – Integriertes Küstenzonenmanagement (IKZM) am Beispiel Schleswig-Holsteins

Im Jahr 2001 wurde von der Landesregierung Schleswig-Holsteins ein neues Gesamtkonzept, das interdisziplinär angelegte „Integrierte Küstenzonenmanagement (IKZM)", verabschiedet. Dies beinhaltet die Strategien und das Finanzkonzept für den Küstenschutz der kommenden Jahrzehnte. Das IKZM verlangt, dass Aufgaben des Küstenschutzes auch in Bereichen wie Tourismus, Naturschutz oder Raumplanung nicht außen vor gelassen werden. Die Küstenschutzbehörde des Landes Schleswig-Holstein formulierte die Vision, dass die Bewohner des Landes sowohl heute als auch in Zukunft, geschützt vor Sturmfluten und den erosiven Kräften des Meeres, in den Küstenniederungen leben, arbeiten und sich erholen können sollen. Diese Vision spiegelt eine optimale, nicht zu erreichende, Sicherheit wider, die Randbedingungen wie Klimawandel, Ziele des Naturschutzes, sowie finanzielle und technische Grenzen nicht berücksichtigt (HOFSTEDE 2004: 109f.). Aufbauend auf der formulierten Vision, aber unter Berücksichtigung genannter Randbedingungen, wurden 10 Entwicklungsziele formuliert, die den Beginn des IKZM in Schleswig-Holstein darstellen.

Im Unterschied zu bisherigen Planungsverfahren wird der Küstenschutz innerhalb des IKZM als räumliche Planungsaufgabe betrachtet. Ferner erfolgt eine ständige Überprüfung, ob sich die Ansprüche an das Küstengebiet geändert haben (z. B. ansteigende Besiedlungsdichte), um dies in den Entwicklungszielen festzuschreiben und so eine sozio-ökonomisch und ökologisch nachhaltige Entwicklung, bei gleichzeitiger Gewährleistung der Sicherheitsstandards, zu fördern. In dieser Hinsicht erfolgt auch eine verstärkte Berücksichtigung des Klimawandels und der Unsicherheit seiner Prognose. Darüber hinaus soll die Öffentlichkeit mehr am Planungsprozess beteiligt werden (INNENMINISTERIUM SCHLESWIG-HOLSTEIN 2001: 42).

<u>Die 10 Entwicklungsziele der Küstenschutzbehörde Schleswig-Holsteins</u>

1. Der Schutz von Menschen und ihren Häusern durch Deiche und andere Schutzmaßnahmen hat höchste Priorität.

2. Der Schutz von Land und Wertgütern durch Deiche und andere Schutzmaßnahmen ist eine wichtige Bedingung für die Belebung der ländlichen Gebiete und hat eine hohe Priorität.

3. Die Verlegung oder die Aufgabe von Deichen bleibt die Ausnahme.

4. Höher gelegene Küstenabschnitte, die nicht durch Deiche geschützt werden, sollen nur dann geschützt werden, wenn Siedlungen oder wichtige infrastrukturelle Anlagen durch Kliffrückgang bedroht sind.

5. Die Inseln und die Halligen werden vor irreversiblen Landverlust geschützt.

6. Die Salzmarschgebiete vor den Ufermauern sollen im Interesse des Küstenschutzes und des Naturschutzes bewahrt werden. Wo vor den Ufermauern keine Salzmarschen existieren, wird das Land entsprechend erhöht.

7. Die langfristige Stabilität des Wattenmeers wird angestrebt.

8. Hydro- und morphologische Entwicklungen werden genauso wie ein möglicher Klimawandel auf ihre Folgen überwacht und gründlich untersucht. Um entsprechend schnell reagieren zu können, werden verschiedene Szenarien festgelegt.

9. Einflüsse auf die Natur und die Landschaft durch Küstenschutzmaßnahmen sind auf ein Minimum reduziert. Die Durchführung und Anwendung anderer berechtigter Forderungen für den Küstenraum sind möglich.

10. Alle Küstenschutzmaßnahmen werden in einer nachhaltigen Art und Weise durchgeführt. (INNENMINISTERIUM SCHLESWIG-HOLSTEIN 2001)

Konkrete Vorhaben im Rahmen des neuen Generalplans

Der Generalplan des Landes Schleswig-Holstein (INNENMINISTERIUM SCHLESWIG-HOLSTEIN 2001) beinhaltet als Hauptziel eine Sicherheitsüberprüfung der vorhandenen 364 km langen Hauptdeichlinie an der Nordsee in Schleswig-Holstein und hat ein Gesamtausgabenvolumen von 282 Mio. €.

Zur Bemessung der Deichhöhe wird ein potentieller Sturmflutwasserstand ange-nommen, der, bezogen auf das Jahr 2000, eine statistisch ermittelte Eintrittswahr-scheinlichkeit von n = 0,01 (einmal in 100 Jahren) haben soll. Außerdem sollte dieser maßgebende Sturmflutwasserstand nicht niedriger als die höchste bisher beobachte-te Sturmflut am jeweiligen Ort sein. Auch der größte beobachtete Windstau über Thw wurde berücksichtigt. Abschließend wird auf diesen Wert noch ein Sicherheitsmaß von rund 0,5 m addiert.

Für 24 Abschnitte des Landesschutzdeiches, die die höchste Priorität haben oder bereits in der Planung sind, wurde eben beschriebenes Bemessungsverfahren an-gewandt. Der aktuelle Bemessungswasserstand liegt 0,3-0,65 m höher als der alte aus dem Jahr 1963. Im Abstand von 10-15 Jahren soll eine Sicherheitsüberprü-fung stattfinden, wodurch der Küstenschutz eine dynamische Anpassung erfährt. Einige der nach 1962 verstärkten Deiche erfüllen durch Sackungen nicht mehr den Sicher-heitsstandard und müssen erneut verstärkt werden. Nach derzeitigem Kenntnisstand ist die Deichsicherheit ge-währleistet, wenn sich vor dem Deich ein 200 m breiter Streifen mit

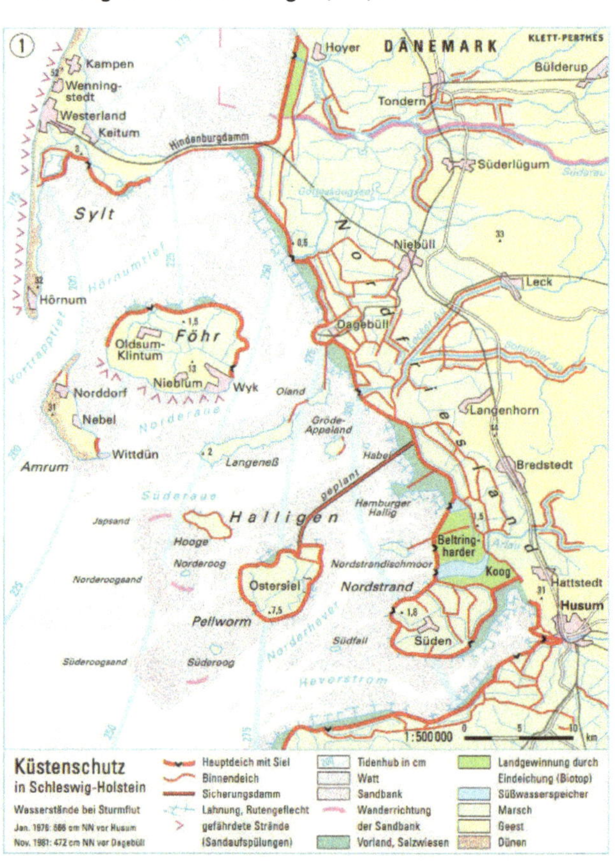

Abb. 8: Küstenschutzmaßnahmen in Schleswig-Holstein.
Quelle: ALEXANDER 2000: 22.

mehrjähriger Vegetationsdecke befindet. Diesem künstlich geschaffenen „Vorland" zwischen Deich und Meer soll besonderer Schutz gelten. Künftige Vorlandarbeiten sollen vor allem der Sicherung der Anwachszone dienen.

Durch seine wellendämpfende Wirkung hat auch das Wattenmeer mit seinen Inseln und Halligen eine große Bedeutung für den Küstenschutz. Für deren Erhalt ist vor allem ein Schutz vor der erosiven Wirkung der Wattströme notwendig. Dies wird durch die Kontrolle und, wenn nötig, Umlenkung dieser verwirklicht. Darüber hinaus sollen 10 Warften verstärkt werden.

Zum Schutz der Inseln Amrum, Föhr und Sylt wurden regionale Fachpläne aufgestellt. Insbesondere sollen die Sandaufspülungen optimiert werden und durch Anlage von Sandfangzäunen und Anpflanzung von Helmgras die Sandauswehung verringert werden. Feste Bauwerke haben sich als nachhaltig störend für die Morphodynamik des Strandes herausgestellt und sollen nur vor bebauten Bereichen weiterhin Anwendung finden. Alternative Bauweisen wie geotextile Elemente (natürliche oder künstliche, flächige Textilien, z. B. Vliesstoffe) oder Stranddrainage (durch Abpumpen des oberflächennahen Grundwassers kann auflaufendes Wasser besser versickern) werden gegenwärtig hinsichtlich ihrer Effektivität überprüft und könnten gegebenenfalls Anwendung finden.

Anlagen, die der Sicherung der Küstenlinie dienen, wie Buhnen oder Lahnungen, werden vom Land instand gehalten.

Mitteldeiche bilden eine zweite Deichlinie, die bei Bruch des Landesschutzdeiches Überschwemmungen einschränken soll. Bislang ist kein Bruch eines Mitteldeiches in Schleswig-Holstein bekannt. Diese zweite Deichlinie zieht sich über 570 km von der deutsch-dänischen Grenze bis nach Hamburg und wird von ehemaligen Landesschutzdeichen aus dem 15-19 Jh. gebildet. Das Eigentum an Mitteldeichen liegt sowohl in der öffentlichen als auch in der privaten Hand. Um konkrete Anforderungen an Mitteldeiche mit den Trägern zu erarbeiten, wurde der Fachbeirat 2. Deichlinie gegründet.

Ansätze eines IKZM sind in den Niederlanden bereits seit Anfang der 1990er Jahre zu finden (VAN ALPEN 1995), dagegen sind in der niedersächsischen Küstenschutzplanung noch keine Ansätze zur Umsetzung eines IKZM zu erkennen (ELSNER 2004: 137).

Sollen nach den formulierten Leitmotiven des Landes Schleswig-Holstein Deichrück-verlegungen die Ausnahme bleiben, zeigen TURNER et al (2007) im Gegensatz dazu in einer Fallstudie des Humberästuars an der Ostküste Englands die ökonomische Effizienz einer begrenzten Deichrückverlegung. Dabei wird ein Vorrücken der Küs-tenlinie landeinwärts, beispielsweise durch Aufgabe landwirtschaftlicher Ungunst-räume, in Kauf genommen. Dadurch vergrößern sich die gezeitenbedingt periodisch gefluteten Gebiete, welche einen natürlichen Küstenschutz bieten. Die Ergebnisse der durchgeführten Kosten-Nutzen-Rechnung zeigen, dass Küstenschutzstrategien, die Deichrückverlegung beinhalten, im größeren zeitlichen Maßstab (ab mindestens 25 Jahren) wirtschaftlich rentabler sein können als eine „holding-the-line"-Strategie. Ferner stellen neu entstandene Wattgebiete einen großen Kohlenstoffspeicher dar, was im Sinne einer nachhaltigen Entwicklung ebenfalls zu berücksichtigen ist.

6. 3 GIS-gestütztes Risikomanagement

Im Küstenschutz ist Risiko als das Produkt aus Versagenswahrscheinlichkeit der Küstenschutzanlagen und dem Schadenspotential des geschützten Gebietes zu ver-stehen. Somit stellt Risiko ein Maß für die Empfindlichkeit eines Küstengebietes ge-gen Schäden dar.

Risikomanagement dient dabei der Festlegung von Prioritäten im Küstenschutz, Eva-luierung der Effektivität verschiedener Küstenschutzmaßnahmen und Ermittlung und Bewertung von Entwicklungen, die das Küstengebiet beeinflussen. Die Wehrhaftig-keit verschiedener Küstenschutzmaßnahmen kann wissenschaftlich bislang nicht abgesichert ermittelt werden (z. B. zulässiger Wellenüberlauf) (INNENMINISTERIUM SCHLESWIG-HOLSTEIN 2001).

GIS-gestützte Simulationen lassen quantitative Aussagen über mögliche Überflu-tungsschäden zu. Am Beispiel von Wangerland (Landkreis Friesland, Niedersach-sen) zeigte sich die Anlage einer zweiten, das Hinterland abriegelnden Deichlinie als besonders effektiv. Dabei wird die Ausdehnung des Überflutungsgebiets, bezogen auf die Sturmfluthöhe vom 3./4. Januar 1976, um 90% reduziert. Die zwischen erster und zweiter Deichlinie liegenden Ortschaften werden dabei durch Ringdeiche zusätz-lich geschützt.

Allerdings wurden durch die geringere Ausbreitungsmöglichkeit des Wassers höhere Wasserstände auf den überfluteten Bereichen berechnet. Dadurch verringert sich das Risiko durch Anlage einer zweiten Deichlinie im Fall von Wangerland um 66%. Demgegenüber stehen Kosten von 13 Mio. Euro für die 10 km lange Deichlinie. Auf die Lebensdauer der Deiche bezogen betragen die Kosten 130 000 €/Jahr (ELSNER et al 2004: 144f.).

Küstenschutzkonzepte müssen immer einen Kompromiss aus technisch Möglichem und finanziell Vertretbarem, gemessen an möglichen Folgeschaden, darstellen.

Die Effektivität des Küstenschutzes in Schleswig-Holstein seit 1962 zeigt sich darin, dass seither trotz zweier schwerer Sturmfluten (1976 & 1981) mit den höchsten jemals gemessenen Wasserständen weder Menschenleben, noch größere Sachschäden zu beklagen waren.

7 Der Klimawandel im 21. Jh. - Neue Herausforderungen für den Küstenschutz?

Das Intergovernmental Panel on Climate Change (IPCC) veröffentlichte 2007 seinen 4. Sachstandsbericht. Anhand von sechs Szenarien, die verschiedene soziale, wirtschaftliche und technologische Entwicklungspfade der Menschheit darstellen, werden mögliche klimatische Veränderungen im 21. Jh., darunter auch der Meeresspiegelanstieg, vorgestellt.

Die Berechnungen ergeben 0,18-0,38 m für das niedrigste Szenario und 0,26-0,59 m für das höchste. Da sich jedoch auch die Ozeanzirkulation ändert, variiert die

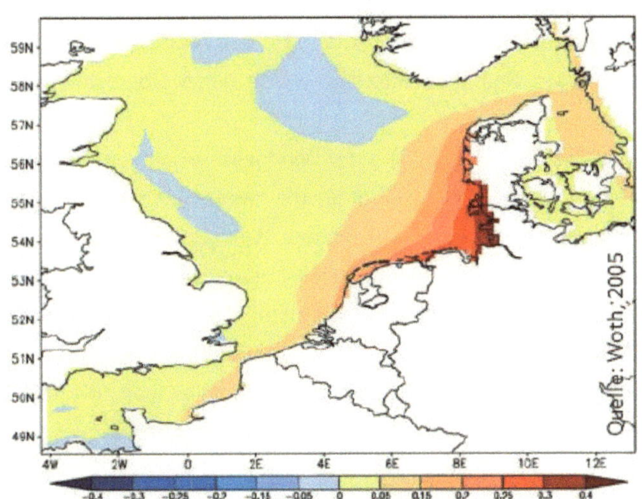

Abb. 9: Entwicklung der Sturmflutwasserstände.
Quelle: WOTH (2005) entnommen aus GERMANWATCH (2007).

tatsächliche Höhe des Meeresspiegelanstiegs in verschiedenen Regionen deutlich. Dazu trägt auch das isostatische Absinken mancher Regionen bei, wodurch in diesen Gebieten zu dem reinen Meeresspiegelanstieg noch ein relatives Absinken des Landes kommt. Exemplarisch sei für dieses Phänomen die Niederlande genannt. Bezogen wird der Meeresspiegelanstieg bei diesen Szenarien immer auf den Zeitraum von 2090-2099, verglichen mit dem Zeitraum 1980-1999. Der Anstieg des Meeresspiegels wird vor allem hervorgerufen durch thermische Ausdehnung des Wasserkörpers, Abschmelzen von Gebirgsgletschern und Abschmelzen des grönländischen und antarktischen Eisschildes (IPCC 2007).

Ein weiterer Aspekt des Klimawandels, der in Verbindung mit Sturmfluten steht, sind sich ändernde Niederschlagsmuster. Nach Berechnungen des regionalen Klimarechenmodells WETTREG steigen die Niederschläge an der deutschen Nordseeküste im Winter zukünftig deutlich an. Abhängig von verschiedenen Emissionsszenarien wird für den Zeitraum 2071-2100, verglichen mit dem Zeitraum 1961-1990 eine Erhöhung des winterlichen Niederschlags um 10-50 % errechnet (UMWELTBUNDESAMT 2007). Daraus ergibt sich ein Problem für die Binnenentwässerung, welche im Untersuchungsgebiet durch Siele erfolgt. Bei Ebbe werden die in den Deichen integrierten Schleusen geöffnet, um das Niederschlagswasser aus den Marschgebieten zu entfernen. Bei Sturmfluten ist es aufgrund der hohen Wasserstände zeitweise unmöglich, die Siele zu öffnen, wodurch für das Hinterland bei starken Niederschlägen Überschwemmungsgefahr besteht. Höhere Niederschläge im Winter, also der Zeit des häufigsten Sturmflutauftretens, würde diese Überschwemmungsgefahr deutlich erhöhen.

Bezüglich der Entwicklung der Windgeschwindigkeiten herrscht noch große Uneinigkeit. GÖNNERT (1999) belegt für die zweite Hälfte des 20. Jh. eine erhöhte Zahl von Sturmfluten, die sich durch höhere Windgeschwindigkeiten und längere Sturmdauer erklären lässt. Dabei wird jedoch betont, dass aufgrund der kurzen Datenreihe (50 Jahre) verschiedener Windparameter die Sturmfluterhöhung nicht als Folge eines Klimawandels interpretiert werden sollte.

HOYME & ZIELKE (2001) liefern Klimasimulationen, die das Windverhalten und die Entwicklung von Sturmflutwasserständen in Abhängigkeit verschiedener atmosphärischer CO_2-Gehalte untersuchen. Sie kommen zu den Ergebnissen, dass schwerere Sturmfluten die Wasserstände des Sturmfluttyps „Nordsee" (siehe Kap. 3. 2) weniger stark erhöhen als die Wasserstände des Sturmfluttyps „Skandinavien". Der nach dieser Untersuchung zukünftig folgenschwerere Sturmfluttyp „Skandinavien" soll jedoch unter steigenden CO_2-Gehalten seltener eintreten. Außerdem ergaben die Klimasimulationen weder für eine Verdopplung noch für eine Verdreifachung des CO_2-Gehalts einen Anstieg der Sturmstärke. Bei der Interpretation dieser Ergebnisse muss man jedoch berücksichtigen, dass die Simulation bereits 1998 stattfand und die Rechenkapazitäten, und damit räumliche und zeitliche Auflösung, sowie Erfassung von Rückkopplungseffekten, noch weniger zufrieden stellend waren, als sie es heute sind.

Dagegen kommen Untersuchungen neueren Datums mit höherer räumlicher Auflösung zu dem Ergebnis erhöhter Windgeschwindigkeiten. Die Befunde von ROCKEL & WOTH (2007) zeigen höhere Windgeschwindigkeiten im Winter, sinkende hingegen im Herbst. Nach VAN DER HURK et al (2007) dagegen verändern sich die berechneten Windgeschwindigkeiten für die Niederlande nur minimal und liegen noch im Bereich der beobachteten (natürlichen) Variabilität.

Germanwatch (2007) geht Bezug nehmend auf WOTH (2005) von höheren Windgeschwindigkeiten aus, die für eine Erhöhung der jährlichen windbedingten Wasserstände um insgesamt voraussichtlich 40 cm im Inneren der Deutschen Bucht sorgen werden (s. Abb. 9). FREUND & STREIF (1999) weisen darauf hin, dass es in den letzten 2000 Jahren natürliche, vom anthropogenen Treibhauseffekt unabhängige Schwankungen des MThw gegeben hat, die sich in den für die Zukunft prognostizierten Größenordnungen bewegen. Dabei wäre es zwar zu tief greifenden Veränderungen der Gestalt der Inseln gekommen, diese seien in ihrem Bestand aber nie als solche gefährdet.

Zur Quantifizierung möglicher Auswirkungen des Klimawandels für die Küstenregion und deren Eindämmung erweisen sich ebenfalls GIS-gestützte Simulationen als hilfreich. Unter Annahme einer Erhöhung des MThw um 55 cm für Wangerland und einer für 2050 angenommenen Erhöhung der Windgeschwindigkeit um 7% kommen ELSNER et al (2004) zu dem Ergebnis einer 25% größeren Überflutungsausdehnung. Um die Deichsicherheit beizubehalten wird eine Deicherhöhung um 75 cm notwendig. Die Kosten würden bei dieser Maßnahme ca. 750 € pro laufenden Meter betragen. Als Folge des Klimawandels wird mit einer Erhöhung der Versagenswahrscheinlichkeit des Küstenschutzsystems um den Faktor 5 gerechnet.

Auch wenn das zukünftige Verhalten des Windes durch große Unsicherheit gekennzeichnet ist, scheint dennoch eine erhöhte Gefährdung der sturmflutgefährdeten Regionen der Nordsee, zumindest durch steigenden Meeresspiegel und tektonisches Absinken zu bestehen. Quantitative Aussagen zur Entwicklung der Windgeschwindigkeiten in den kommenden Jahrzehnten müssen Aufgabe weiterer, umfangreicherer Klimasimulationen sein.

8 Fazit

Der massive Einfluss, den Sturmfluten sowohl auf die Landschaftsgestaltung an den Küsten der Nordsee als auch auf das Leben der Bewohner seit jeher hatten, wurde ausführlich beschrieben. Erst Küstenschutzmaßnahmen machten die dauerhafte Besiedlung großer Teile der Küstenniederungen möglich. Die Errichtung eines geschlossenen Deichrings, etwa im 13. Jh. in Norddeutschland, läutete jedoch erst die Zeit der verheerenden Sturmfluten ein. Durch Eindeichungen wurden dem Meer zunehmend natürliche Überflutungsflächen entzogen, wodurch Sturmfluten immer höher stiegen.

Mit steigendem Sturmflutniveau wurden die Deiche in den folgenden Jahrhunderten kontinuierlich erhöht. Dennoch lässt sich auch gegenwärtig kein absoluter Schutz gewährleisten. Die Ursachen liegen dabei vor allem in zwei Tatsachen begründet. Zum einen in technischen und finanziellen Grenzen und zum anderen darin, dass Sturmfluten aus dem multivariaten Zusammenspiel unzähliger Einflussfaktoren entstehen und sich daher keine absolut stärkste Sturmflut berechnen lässt. Somit bleibt immer ein Restrisiko. Küstenschutz muss aus diesem Grund immer einen Kompromiss aus technisch Möglichem und wirtschaftlich Vertretbarem darstellen, ohne jedoch Ergebnis einer reinen Kosten-Nutzen-Rechnung zu sein. Für das Setzen von Prioritäten haben sich GIS-gestützte Risikoanalysen als geeignete Methode erwiesen.

Das in den vergangenen Jahrzehnten immer mehr in das Bewusstsein der Bevölkerung gelangte Leitmotiv einer nachhaltigen Entwicklung spiegelt sich im „Integrierten Küstenzonenmanagement" (IKZM) wider. Dieses scheint auch vor dem Hintergrund der globalen Erwärmung im 21.Jh. ein notwendiger Schritt in die richtige Richtung. Zwar bestehen noch Unsicherheiten über die tatsächliche Höhe des Meeresspiegelanstiegs in den kommenden 100 Jahren, über die Tatsache dass dieser steigen wird, herrscht jedoch Einigkeit. Unklarheit besteht hingegen bei der Entwicklung der regionalen Windgeschwindigkeiten, worüber eine Vielzahl sich widersprechender Untersuchungen zu finden sind. Die Flexibilität des IKZM macht eine vergleichsweise rasche Anpassung an möglicherweise stärker als erwartet steigende Sturmflutniveaus möglich und scheint daher ein zukunftsfähiges Konzept, dass bei Umsetzung auch im 21. Jh. den Bewohnern im Küstenraum der südlichen Nordsee größtmöglichen Schutz vor Sturmfluten bieten kann. Eine Umsetzung des IKZM in anderen Küstenregionen, wie Niedersachsen, scheint im Sinne des Küstenschutzes wünschenswert.

Literatur

VAN ALPEN, J. (1995): The Voordelta integrated policy plan: administrative aspects of coastal zone management in the Netherlands. Ministry of Transport, Public Works and Water Management, Rijkswaterstaat, Den Haag, 18 S.

BEHRE, K.-E. (2002): Die deutsche Nordseeküste. In: LIEDTKE, H. & MARCINEK, J. [Hrsg.]: Physische Geographie Deutschlands. 3.Aufl., 786 S., Gotha: 324-343.

BEHRE, K.-E. (2004a): Coastal development, sea level change and settlement history during the later holocene in the Clay District of Lower Saxony (Niedersachsen), northern Germany. - Quaternary International **112**: 37-53.

BEHRE, K.-E. (2004b): Die Schwankungen des mittleren Tidehochwassers an der deutschen Nordseeküste in den letzten 3000 Jahren nach archäologischen Daten. In: SCHERNEWSKI, G. & T. DOLCH (2004): Geographie der Meere und Küsten. Coastline Reports **1**: 1-7.

BRÜCKNER, H. (1999): Küsten – sensible Geo- und Ökosysteme unter zunehmendem Stress. - Petermanns Geographische Mitteilungen **143**: 6-21.

BUNGENSTOCK, F., B. MAUZ & A. SCHÄFER (2004): The late Holocene sea level rise at the East Frisian Coast (North Sea): New time constraints provided by optical ages of coastal deposits. In: SCHERNEWSKI, G. & T. DOLCH (2004): Geographie der Meere und Küsten. Coastline Reports **1**: 37-41.

DWD (DEUTSCHER WETTERDIENST) - http://www.dwd.de/de/SundL/Freizeit/Hobby-meteorologen/Wetterlexikon/index.htm (letzter Zugriff: 23.8.07)

ELSNER, A., S. MAI & C. ZIMMERMANN (2004): Risikoanalyse – ein Element des Küstenzonenmanagements. In: SCHERNEWSKI, G. & T. DOLCH (2004): Geographie der Meere und Küsten. Coastline Reports **1**: 137-147.

FREUND, H. & H. STREIF (1999): Natürliche Pegelmarken für Meeresspiegelschwankungen der letzten 2000 Jahre im Bereich der Insel Juist. – Petermanns Geographische Mitteilungen **143**: 34-45.

GERMANWATCH [Hrsg.]: BALS, C., HARMELING, S. & R.SCHWARZ (2007): Auswirkungen des Klimawandels auf Deutschland. www.germanwatch.org/klima/klideu07.htm (letzter Zugriff: 18.10.2007)

GÖNNERT, G. (1999): The analysis of storm surge climate change along the German coast during the 20th century. Quaternary International **56**, 115-121.

HAGEL, J. (1962): Sturmfluten. 80 S., Stuttgart.

HOFFMANN, D. (2004): Holocene landscape development in the marshes of the West Coast of Schleswig-Holstein, Germany. – Quaternary International **112**: 29-36.

HOFSTEDE, J. (2004): A new coastal defence master plan for Schleswig-Holstein. In: SCHERNEWSKI, G. & T. DOLCH (2004): Geographie der Meere und Küsten. Coastline Reports **1**: 109-117.

HOYME, H. & W. ZIELKE (2001): Impact of Climate Changes on Wind Behaviour and Water Levels at the German North Sea Coast. Estuarine, Coastal and Shelf Science **53**, 451–458.

HURK, B., BESSEMBINDER, J., VAN DEN BRINK, H., BURGERS, G., DRIJFHOUT,S., HAZELEGER, W., KATSMAN, C., KELLER, F., KOMEN, G., LENDERINK, G., VAN OLDENBORGH, G.J., TANK, A.K., VAN ULDEN, A. (2007): New climate change scenarios for the Netherlands. Water Science and Technology **56**, 27-33.

INNENMINISTERIUM SCHLESWIG-HOLSTEIN [Hrsg.] (2001): Generalplan Küstenschutz – integriertes Küstenschutzmanagement in Schleswig-Holstein. 76 S., Kiel.

INTERGOVERNMENTAL PANEL ON CLIMATE CHANGE (IPCC) [Hrsg.]: ALLEY, R., BERNTSEN, T., BINDOFF, N.L., CHEN, Z., CHIDTHAISONG, A., FRIEDLINGSTEIN, P., GREGORY, J., HEGERL, G., HEIMANN, M., HEWITSON, B.,HOSKINS, B., JOOS, F., JOUZEL, J., KATTSOV, V., LOHMANN, U., MANNING, M.,MATSUNO, T., MOLINA, M., NICHOLLS, N., OVERPECK, J., QIN, D., RAGA, G.,RAMASWAMY, V., REN, J., RUSTICUCCI, M., SOLOMON, S., SOMERVILLE, R., STOCKER, T.F., STOTT, P., STOUFFER, R.J., WHETTON, P., WOOD, R.A., WRATT, D. (2007): Climate Change 2007: The Physical Science Basis. Contribution of Working Group I to the Fourth Assessment Report of the Intergovernmental Panel on Climate Change (IPCC). Summary for Policymakers.

JAKUBOWSKY-TIESSEN, M. (1992): Sturmflut 1717. Bewältigung einer Naturkatastrophe in der Frühen Neuzeit. 310 S., München. (Ancien régime, Aufklärung und Revolution; Bd. 24)

JONAS,K., CLAUSEN,B. & T. FRAMBACH (2004): Küstenschutz in Schleswig-Holstein. Materialien für die 13. Klasse (Risikogebiete der Erde). Innenministerium des Landes Schleswig-Holsteins. Kronshagen.

KIRCHHOFF, J. (1990): Sturmflut 1962. Die Katastrophennacht an Ems und Dollart. 112 S., Weener (Ems).

KNIPPERT, U. [Bearb.] (2000): ALEXANDER – Gesamtausgabe. 224 S., Stuttgart, Gotha.

KORTUM, G. (2001): Meereskunde, Klima und Gezeiten der Nordsee. In: NEWIG, J. & H. THEEDE [Hrsg.]: Das Wattenmeer. Landschaft im Rhythmus der Gezeiten. 175 S., Hamburg.

LESER, H. [Hrsg.] (2001): Wörterbuch Allgemeine Geographie. 12. Aufl., 1037 S., München, Braunschweig.

VON LIEBERMANN, N. & S. MAI (1999): Untersuchungen zum Risikopotential einer Küstenregion. Mitteilungen des Franzius-Instituts für Wasserbau und Küsteningenieurwesen **83**: 292-320.

MEIER, D. (2004): Man and environment in the marsh area of Schleswig-Holstein from Roman until late Medieval times. - Quaternary International **112**: 55-69.

NEWIG, J. (2004): Die Küstengestalt Nordfrieslands im Mittelalter nach historischen Quellen. In: SCHERNEWSKI, G. & T. DOLCH (2004): Geographie der Meere und Küsten. Coastline Reports **1**: 23-36.

OSPAR (OSPAR Commission for the protection of the Marine Environment of the North-East Atlantic) [Hrsg.] (2000): Geography, Hydrography and Climate. In: Quality Status Report – Region II: Greater North Sea, S. 4-26.

ROCKEL, B. & K. WOTH (2007): Extremes of near-surface wind speed over Europe and their future changes as estimated from an ensemble of RCM simulations. Climate Change **81**, 267-280.

TURNER, R.K., BURGESS, D., HADLEY, D., COOMBES, E. & N. JACKSON (2007): A cost–benefit appraisal of coastal managed realignment policy. Global Environmental Change **17**, 397-407.

UMWELTBUNDESAMT [Hrsg.] (2007): Neue Ergebnisse zu regionalen Klimaänderungen. Das statistische Regionalisierungsmodell WETTREG. http://www.umweltbundesamt.de/uba-info-presse/hintergrund/Regionale-Klimaaenderungen.pdf (letzte Zugriff 28.10.2007)

WIKIPEDIA (2007): http://de.wikipedia.org/wiki/Tetrapode (letzter Zugriff 31.10.2007)